Dʳ J. D'AIGUILLON

Hypothèse

sur

Le Corps Humain

Considéré comme Récepteur

et Transformateur d'Energie

MONTPELLIER

Firmin, Montane et Sicardi

HYPOTHÈSE

SUR LE

CORPS HUMAIN

CONSIDÉRÉ COMME RÉCEPTEUR

ET TRANSFORMATEUR D'ÉNERGIE

HYPOTHÈSE

SUR LE

CORPS HUMAIN

CONSIDÉRÉ COMME RÉCEPTEUR

ET TRANSFORMATEUR D'ÉNERGIE

PAR

J. D'AIGUILLON

DOCTEUR EN MÉDECINE

MONTPELLIER
IMPRIMERIE FIRMIN, MONTANE
MONTANE, SICARDI ET VALENTIN, Successeurs
Rue Ferdinand-Fabre et quai du Verdanson
—
1910

A LA MÉMOIRE DE MON GRAND'PÈRE

Le Chevalier du PUY-MONTBRUN .

Qui me précéda dans cette Faculté.

A LA MÉMOIRE VÉNÉRÉE DE MA MÈRE

A MON PÈRE

Faible témoignage de ma très grande reconnaissance et affection.

A MON FRÈRE

MEIS ET AMICIS

H. D'AIGUILLON.

A MON PRÉSIDENT DE THÈSE

MONSIEUR LE PROFESSEUR GRASSET

ASSOCIÉ NATIONAL DE L'ACADÉMIE DE MÉDECINE

A MON JURY DE THÈSE

H. D'AIGUILLON.

HYPOTHÈSE

sur le

CORPS HUMAIN

CONSIDÉRÉ COMME RÉCEPTEUR

ET TRANSFORMATEUR D'ÉNERGIE

INTRODUCTION

Un pareil titre, pour un aussi modeste travail, peut paraître bien prétentieux. Et nous ne nous serions jamais permis d'employer le mot « hypothèse » qui semble, bien malgré nous d'ailleurs, indiquer de notre part, le désir d'innover, si nous n'avions été dans l'impossibilité d'en trouver un meilleur.

Nous n'avons pas, en effet, la prétention de vouloir donner ici, une de ces solutions destinées à révolutionner les idées communément admises, ni même d'émettre une théorie nouvelle, et toute personnelle. Non !

Nous avons cru, bien simplement, que puisqu'il ne nous était *scientifiquement* pas interdit d'émettre une idée séduisante par sa nouveauté même, il nous était donc permis, à la suite du reste d'esprits qui sont l'honneur de la science moderne, de sortir du domaine strictement scientifique, et de franchir le pas, qui sépare les *données* de la science d'aujourd'hui, de celles qui seront peut-être les *données* de demain.

De là est née « cette hypothèse » aux preuves, me dira-t-on, peut-être bien lointaines... Il nous a paru pourtant intéressant d'en faire l'objet de ce petit travail.

Qu'il nous suffise donc, l'occasion ne pourrait être plus favorable, de venir remercier du fond du cœur tous nos professeurs de cette belle école de Montpellier, à laquelle nous sommes si fier d'appartenir.

Nous n'allons plus pouvoir maintenant profiter de l'enseignement immédiat de ces maîtres vénérés, mais nous n'oublierons jamais que c'est avec eux que nous avons appris l'art si délicat d'examiner cliniquement et méthodiquement un malade ; et à les vouloir tous remercier, il nous faudrait les tous nommer. Cependant il nous est particulièrement agréable de remercier tout spécialement Monsieur le professeur Grasset du grand honneur qu'il nous fait en acceptant de présider cette thèse ; de dire à Monsieur le professeur Forgue qui fut notre premier maître et dont il nous a été donné tant de fois d'admirer l'étonnante habileté opératoire, la proverbiale clarté de son enseignement et son amabilité à notre égard, toute notre profonde gratitude.

Nous n'oublierons pas MM. les professeurs agrégés Riche et Massabuau, auprès desquels nous avons toujours trouvé tant de bienveillante sollicitude. M. le professeur Carrieu nous permettra de lui dire combien nous le remercions vivement de son amabilité constante, de sa grande indulgence à notre égard, et de l'appui si utile qu'il nous a donné dans toutes les circonstances où nous en avons eu besoin.

Que M. le professeur de Rouville, qui nous initia avec tant de bienveillante bonté à la chirurgie gynécologique, pendant le temps trop court où nous eûmes l'honneur d'être dans son service, reçoive ici l'expression de notre entière reconnaissance.

A notre joie de posséder enfin ce titre si longtemps désiré, une note triste vient pourtant s'ajouter. Avec la fin de notre vie d'étudiant vont prendre fin aussi les amicales et journalières relations qui nous rendaient si agréable notre séjour à Montpellier. Il faudrait une page entière pour citer tous nos amis dévoués.

Mais nous ne voulons pourtant pas clore ces lignes sans dire au docteur Gieize combien nous sommes heureux de la bonne fortune qui nous a réunis, puisque des douces heures de travail en commun est née une amitié telle que la nôtre ; aux docteurs Marcel Carrieu, Noël Lapeyre, internes des Hôpitaux, Féraud, Diffre et Georges de Carnas, combien nous espérons que, malgré notre séparation, les liens qui nous unissaient demeureront intacts.

CHAPITRE PREMIER

LIBÉRATION
DE L'ÉNERGIE INTRA-ATOMIQUE

Les données actuelles de la science nous permettent d'affirmer que la matière, pour se former, a absorbé de l'*énergie*. Nous savons donc, en vertu de ce principe, que tout
ce qui nous entoure, que tout ce qui constitue le milieu
terrestre, au sein duquel nous vivons : terre, bois, eau, fer,
etc., — sans même oublier notre propre corps, — a de-
mandé, pour sa formation, la mise en œuvre d'une certaine quantité d'énergie. La chimie vient chaque jour
nous donner de nouvelles preuves de la vérité de cette notion, et la physique, après les immortels travaux de Joule,
de Gay-Lussac et de tant d'autres, nous permet même de
calculer la quantité d'énergie — qu'elle soit sous forme de
chaleur, de force ou d'électricité, — qu'il faut fournir à
un corps pour produire en lui un changement d'état.

Si nous admettons alors, avec les chimistes modernes
d'ailleurs, que tous les corps sont formés d' « atomes »,
nous pourrons donc logiquement conclure que cette énergie, ainsi absorbée, doit exister réellement dans chacun de
ces corps, et que c'est précisément à cette *énergie intra-
atomique*, qu'est due leur existence, par cohésion momentanée des milliards et des milliards d'atomes qui les composent. « Et cette force doit être colossale, si l'on pense

que, dans une tête d'épingle, le nombre d'atomes est égal à 8, suivi de 21 zéros, 8.000.000.000.000.000.000.000 ! (Jaudin), et que, pour les détacher à raison d'un million par seconde, il faudrait 253 millions d'années (Varenne.) (Passages cités par le docteur Murat, *Le Firmament, l'atome, le monde végétal*, Pierre Tequi, Paris, 1909, page 128.)

Tout corps peut donc être considéré comme un réservoir d'énergie.

Par conséquent, si par un moyen quelconque on parvenait à faire rendre *brusquement* à la matière cette énergie potentielle, la nature ne serait plus, pour l'homme, qu'un admirable réservoir d'énergie, auquel il lui serait facile de puiser. Trouvera-t-on jamais la solution du problème passionnant de la brusque libération de l'énergie ? Non ! répondent catégoriquement les uns, en opposant le principe de l'indestructibilité de la matière. Oui ! disent les autres, basant leur affirmation sur la négation de ce même principe.

Le principe de l'indestructibilité de la matière est tellement évident, disent ses défenseurs, qu'il a su, à travers les siècles, victorieusement résister, et nous arriver tel qu'il a été émis par la science antique ! Les mots magiques de Lavoisier sont toujours vrais : « Rien ne se perd, rien ne se crée ! »

Pardon ! réplique alors le docteur Gustave Le Bon (1) : Depuis le grand poète romain Lucrèce, qui en faisait l'élément fondamental de son système philosophique, jusqu'à Lavoisier, qui l'appuya sur des bases considérées comme immortelles, ce dogme sacré de la conservation

---

(1) Dʳ Gustave Le Bon. Evolution de la matière. 15ᵉ édition, 1908. Bibliothèque de philosophie scientifique. Flammarion, éditeur.

de la matière, n'avait subi aucune atteinte, et nul ne songeait à le contester. Mais ce dogme est *faux*, et, bien au contraire : « Tout se perd, rien ne se crée ! »

Et le docteur Le Bon, dans ses deux ouvrages, intitulés *L'évolution de la matière* et *L'évolution des forces*, à la suite d'expériences et de recherches personnelles, qu'il serait trop long d'énumérer, continuées d'ailleurs par les expériences du professeur W. Thomson (1), prouve que la matière, supposée jadis indestructible, s'évanouit lentement par la dissociation continuelle des atomes qui la composent.

« Les phénomènes de radio-activité, dit-il, n'appartiennent pas uniquement aux corps dits radio-actifs, mais bien à presque tous les corps, tels que : eau, sable, argile, etc. »

Mais alors, comment expliquer les équations chimiques et l'identité de poids, de masse, de la matière, au milieu de toutes ces combinaisons ? La balance de précision, sensible au dixième de milligramme, nous démontre que la masse d'un corps ne change jamais, et que la matière, par conséquent, ne se perd pas !

Cet argument, dont le poids — c'est le cas de le dire — est considérable, devrait ruiner complètement ce magnifique édifice, si le problème ne se résolvait en disant, comme le fait M. le comte Pierre de Nouy (magasine *Lisez-moi*, numéro 6), qui étudie précisément cette théorie :

Comment réfuter cet argument ? Oh ! bien simplement: « Il n'y a qu'à dire que les déperditions de poids de la matière sont d'ordre inférieur au dixième de milligramme. Si le corps perd, en effet, un millième de milligramme

---

(1) William Thomson (lord Kelvin). Constitution de la matière, 1-8. Traduction française Gauthier Villars.

par jour, il faudrait cent jours pour constater une légère déviation de la balance, déviation qu'on pourrait imputer à un grain de poussière ou à la vapeur produite par la respiration. » Et cette réponse est d'autant plus plausible qu'elle est parfaitement d'accord avec les données actuelles de la science, qui nous montre que les déperditions sont infiniment plus petites qu'on pourrait le supposer, puisqu'on a calculé « qu'un gramme d'iodoforme, qui émet constamment, en tous sens, d'innombrables *particules odorantes,* ne perd de la sorte qu'un milligramme en cent ans ! Et que, pour le musc, la perte n'est, dans les mêmes conditions, que d'un centième de milligramme en mille ans. » (Docteur Murat, *loc. cit.,* page 190.)

Pour ce qui est du radium, ce corps merveilleux, et encore bien mystérieux pour nous, puisqu'il semble ne vouloir livrer son secret qu'au prix des plus dégradantes déformations physiques, pour ceux qui s'obstinent à le lui vouloir arracher, le radium, qui semble avoir donné naissance à la théorie du docteur Le Bon, mettrait, sous un poids de un gramme, 1.000 ou 2.000 ans à se dissocier totalement ! Et pourtant, son pouvoir de dissociation est excessivement grand, puisqu'on a pu constater et étudier les effets de son bombardement moléculaire. Or, qu'est-ce qu'un gramme dans l'univers ?

D'ailleurs, le radium n'est pas le seul corps qui vienne, par ses effets, à l'appui de cette hypothèse. Nous savons, d'après les récents travaux de Ramsay, de Becquerel, de M. et Mme Curie, que tous les métaux dits radio-actifs : uranium, thorium, polonium, actinium, etc., sont capables d'émettre continuellement de l'énergie, et même d'en donner aux corps qui les environnent.

Et que fait le soleil en émettant continuellement par rayonnement, de la lumière ? N'est-il pas actuellement prouvé qu'en libérant son énergie, sous forme de lumière, le soleil se refroidit graduellement, en même temps d'ailleurs que la terre s'échauffe, sous l'action du feu central, par lente destruction de la matière formant son écorce. La suprême conclusion que le docteur Le Bon ait donc tiré du témoignage de ces corps nouveaux-nés, est l'établissement de la théorie suivante : « La matière est formée de tourbillons d'électrons, de particules immatérielles, et c'est de la gravitation plus ou moins rapide de ces électrons que naissent la plupart de ses qualités ; le son, la chaleur, la lumière, l'électricité, ne sont que des ruptures d'équilibre au sein de ces tourbillons. Et cette transformation de la matière, ces ruptures, ne sont autre chose que des *vibrations,* qui nous sont transmises par l'intermédiaire de « l'éther ». » (Docteur Le Bon, *loc. cit.*)

On a pourtant une certaine difficulté à admettre que des particules gazeuses, par exemple, agiraient-elles même en tourbillons excessivement rapides, puissent acquérir les propriétés que nous donnons au fer ou à l'acier. Mais, n'a-t-il pas été prouvé qu'une colonne d'eau de deux centimètres de diamètre, tombant de 500 mètres de hauteur, ne peut être entamée par une lame de sabre, lancée à toute volée ? Au contact de la colonne liquide, le sabre d'acier se brise comme un roseau, et pourtant il ne rencontre qu'une colonne d'eau !

La matière se dissocie donc perpétuellement, affirme le docteur Le Bon, et libère lentement et continuellement son incalculable quantité d'énergie intra-atomique.

On comprend, dès lors, le haut intérêt spéculatif qu'il y a à connaître le secret de ces énergies moléculaires. Mais que serait-ce, si l'on découvrait le dispositif capable de capter commodément de telles forces, et de les mettre au service de l'industrie, si l'on songe, par exemple, que

« un gramme de radium émet 100 calories-grammes, c'est-à-dire qu'il est capable de porter son poids d'eau de 0° à 100°, ce qui a permis à M. Wilson, par un calcul fait récemment, de montrer que la présence d'un gramme de radium par tonne de matière dans le soleil, permet d'expliquer le rayonnement total de cet astre » (Debierne, « le Radium », dans la *Revue Générale des Sciences,* 1904, p. 65), et si l'on songe que le professeur Secchi a estimé l'énergie contenue dans ce rayonnement à 770 millions de chevaux-vapeurs par hectare de la surface solaire ! Ce qui a fait dire avec raison que la désagrégation complète de un gramme de radium dégagerait des forces assez puissantes pour transporter toute la flotte anglaise au sommet du Mont-Blanc !

Dans chaque mètre cube d'éther — dit toujours le docteur Le Bon — existent des forces latentes considérables, qui étaient restées jusqu'ici ignorées. Un gramme de matière, par exemple, une pièce de un centime en cuivre, dissociée à sa vitesse ordinaire, égalerait 6.800.000.000 chevaux-vapeurs. Si ce gramme était arrêté en une seconde, la force vive qu'il contient serait suffisante pour traîner un train de marchandises d'une longueur égale quatre fois à la circonférence de la terre (Le Bon, *loc. cit.*). Ce serait la réduction de l'effort physique de l'homme à un minimum dont nous ne pouvons nous faire aujourd'hui aucune idée !

Nous avouons qu'enthousiasmé par tout ce qu'avait de séduisant une pareille hypothèse, nous nous sommes immédiatement laissé entraîner par elle, et que c'est de l'exagération même des conclusions de son propre auteur qu'est née l'idée de ce petit travail.

Il ne faut pourtant pas exagérer l'audace d'une pareille théorie, car, en somme, tous les jours, autour de nous,

comme témoins, ou parfois même comme acteurs volontaires, n'assistons-nous pas à ce phénomène *de la libération
de l'énergie intra-atomique* ? Que faisons-nous, en effet,
lorsque nous produisons de la vapeur, des explosions, des
courants électriques, si ce n'est faire rendre à différents
corps l'énergie qu'ils contiennent ? Et qui osera soutenir,
par exemple, que la force déployée dans une explosion de
mélinite n'est pas incalculablement supérieure à celle qui
se dégage de la combustion du charbon ?

D'où provient cette grande différence ? Mais précisément de ce que, dans un cas, la houille ou la pile libè-
rent *lentement* leur énergie, tandis que, bien au contraire,
l'explosif la libère *brusquement*. Et il est bien connu actuellement, en balistique, qu'un explosif sera d'autant plus
violent et, par conséquent, aura des effets d'autant plus
énergiques, que cette libération d'énergie sera, chez lui,
plus brusque et plus spontanée.

Et c'est bien là, semble-t-il, un groupe de faits venant
parfaitement à l'appui de la théorie dont nous parlions
plus haut, puisque, sous un très petit volume, le chimiste
moderne a pu emmagasiner une énergie énorme. Et cette
condensation de l'énergie, volontairement et facilement
libérable, — ce qui n'est, en somme, que la solution d'une
autre phase du problème, — n'a-t-elle pas été la suprême
pensée de Berthelot, lorsqu'il rêvait de créer sa pilule alimentaire ?

Mais alors, nous demandons-nous, si nous acceptons cette théorie, sous quelle force se produit cette continuelle mais
lente libération de l'énergie latente intra-atomique ? Et
comment, si réellement elle existe, se manifeste-t-elle dans
la nature ?

Oh ! bien simplement : sous forme de lumière, de chaleur, de son, d'électricité, qui ne sont que des manifestations différentes d'une même et unique cause, c'est-à-dire *des vibrations atomiques dans l'éther*, ce qui est d'ailleurs conforme à l'hypothèse de Maxwell, « la moyenne de ces vibrations atomiques étant de 500 trillions environ par seconde, pour tous les corps à la température ordinaire » (docteur Murat, *loc. cit.*, page 187).

Quest-ce alors que l'éther ? Telle est la question qui vient tout naturellement à l'esprit, car cette définition devient absolument nécessaire à la compréhension de l'hypothèse précédente.

L'éther est un substratum de tout. « C'est un solide élastique, remplissant tout l'espace. » (Thomson.) Il faut bien se pénétrer de l'idée, en effet, que le vide absolu n'existe pas dans la création, et c'est même de cette conception que le docteur Le Bon part pour établir la conclusion suivante : « Il faut se borner à constater, sans le comprendre, que nous vivons dans un milieu immatériel, plus rigide que l'acier, auquel nous pouvons imprimer simplement, en brûlant un corps quelconque, des mouvements dont la vitesse de propagation dépasse cent mille fois celle d'un boulet de canon. » (Le Bon, *loc. cit.*)

« De l'énergie intra-atomique libérée par la dématérialisation de la matière, dérivent la plupart des forces de l'univers. » (Idem.)

L'éther, ainsi conçu, ne serait plus que le grand support des forces existantes, le condensateur et le distributeur de l'énergie mondiale, lentement mais perpétuellement libérée, l'intermédiaire entre la matière et nos sens.

Aussi acceptons-nous, pour synthétiser les conséquences que nous voulons tirer de cette théorie du docteur Le Bon, cette conclusion de M. Hudry :

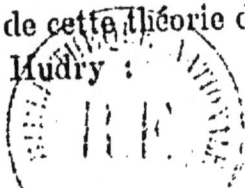

2

« *Des millions de vibrations parcourent sans cesse l'é-ther et viennent nous heurter. Et nous ne nous en doutons même pas, aveugles et sourds à des phénomènes merveilleux sans doute, que nos sens trop grossiers ne peuvent percevoir.* » (J. Hudry, *La Revue*, 1905, p. 514.)

CHAPITRE II

LE CORPS HUMAIN
RÉCEPTEUR DE CETTE ÉNERGIE

Nous allons envisager dans ce chapitre, maintenant que nous avons établi la notion d'un milieu extérieur — l'éther — sans lequel rien ne pourrait être, ce que devient l'homme au sein de cet immense réservoir d'énergie.

L'homme, *au milieu de ces millions de vibrations qui viennent le heurter sans même qu'il s'en doute*, doit, sous leur action, fatalement, inévitablement, réagir.

Loin de nous cependant la pensée que l'homme puisse être comparé à un automate n'agissant que sous l'action de cette énergie ambiante. Ce qui reviendrait à dire que, d'un corps brut, on pourrait faire un corps vivant — thèse chère aux physicochimistes — car, bien au contraire, en accord avec ce que nous enseigne notre vieille école de Montpellier, partisan convaincu de la théorie vitaliste dont notre maître vénéré, M. le professeur Grasset, s'est fait le si éloquent et si autorisé défenseur, il nous semble indéniablement logique que l'on puisse affirmer que les êtres vivants présentent, « *tant qu'ils vivent, et parce qu'ils vivent* », des caractères spéciaux qui les rapprochent des autres êtres vivants, et les distinguent de leurs cadavres et des matières brutes inorganisées » (Grasset, *Idées médicales*, p. 209).

Tout, dans le corps humain, est, en effet, admirablement agencé pour « vivre ». Mais il faut bien remarquer que la réunion du cerveau, du grand sympathique et du corps matériel, même avec l'admirable complication des appareils nerveux et musculaire, ne peut être confondue avec la vie, puisque, si pour une cause quelconque, l'homme vient à rendre le dernier soupir, le cerveau, le grand sympathique, les os, les muscles conservent exactement tous leurs rapports, — du moins un certain temps, — et cependant un changement radical s'est opéré dans ce corps.

Il lui manque précisément cette manifestation de la puissance créatrice, cette fameuse étincelle que Prométhée voulut ravir aux Dieux ; il lui manque cette « vie » qui permettra, par exemple, au rein, de « *choisir* » les éléments nocifs dont il doit débarrasser l'organisme, et de « *refuser* », au contraire, d'éliminer d'autres produits, comme le sucre normal du sang, que les lois ordinaires de l'osmose devraient faire passer dans l'urine. On pourrait citer, de même, pour montrer la vitalité de l'organisme, *l'absorption du bol alimentaire par les cellules épithéliales de l'intestin, la fonction glycogénique du foie*, etc., dont le caractère particulier est précisément la « vie ».

Mais, à côté de ces phénomènes proprement vitaux, dont la disparition amène la mort de l'organisme qui en est le siège, il en est beaucoup d'autres, d'un caractère bien moins fondamental, puisque leur abolition partielle, ou même totale, n'entraîne précisément pas cette mort de l'organisme. Tels sont, par exemple, les phénomènes que l'on appelle la vue, l'ouïe, la parole, l'intelligence même — au sens propre du mot — etc., car il est indéniable que si l'œil n'est pas plus la lumière que l'oreille le son, la vie est pourtant parfaitement compatible avec la cécité, la surdité, la mutité et même le crétinisme. D'où vient alors la différence capitale qui sépare ces deux ordres de phénomènes ?

Pour répondre à cette question, nous aborderons ce qui fait précisément l'objet de notre hypothèse, c'est-à-dire la relation étroite qui paraît exister — c'est du moins notre opinion — entre ces divers derniers phénomènes, et l'existence de l' « éther » aux millions de vibrations. *La vue, l'ouïe, la parole, l'intelligence ne seraient dues qu'à des modalités différentes de l'énergie latente, énergie perçue par des cellules vivantes nettement différenciées, et transformées par elles.*

La mécanique cérébrale nous est absolument inconnue, et le restera probablement longtemps encore. Il nous est donc permis, semble-t-il, d'en concevoir une explication qui, malgré son caractère extra-scientifique, soit pourtant d'accord avec les données actuelles de la science.

Par quel mécanisme physiologique le corps humain est-il donc susceptible de recevoir cette énergie qui l'environne ? Pour répondre à cette question, nous allons employer une comparaison simple, malgré son apparente originalité. Le corps humain, en sa merveilleuse complexité, est semblable à un appareil de télégraphie sans fil, mais à un appareil *vivant*.

C'est cette comparaison, sur laquelle se base toute la conception de ce travail, que nous allons nous efforcer d'établir. La télégraphie sans fil est actuellement trop à l'ordre du jour pour que nous ayons besoin d'en expliquer en détail le principe et le mécanisme.

Des ondes hertziennes, qui ne sont — établissons-le tout de suite — que des vibrations atomiques douées de vitesses prodigieuses, puisque des longueurs d'onde de six millimètres correspondraient à 50 milliards de vibrations par seconde (docteur Murat, *idem,* p. 189, se propagent à travers l'espace, sans conducteur particulier autre que l'éther, jusqu'à ce qu'elles soient perçues, ou plus exactement, jusqu'à ce qu'elles rencontrent — grâce à un dispositif spécial, dont la puissance varie avec la hauteur — les antennes.

De cet appareil récepteur, de ces antennes, les ondes passent dans le « cohéreur », qui est chargé de percevoir et d'utiliser leurs variations, en tant que longueurs d'ondes, bref, qui est chargé de les rendre perceptibles à nos sens, d'imperceptibles qu'elles étaient.

Un dernier appareil, un Morse généralement, obéissant aux injonctions du cohéreur, nous les traduit alors sous forme de lettres conventionnellement établies. Et c'est ainsi que nous avons sous les yeux, sans qu'il y ait eu aucune communication tangible entre le poste transmetteur, situé quelquefois à des centaines de kilomètres du poste récepteur, les mots, les phrases, les pensées exprimées par le poste d'émission. Or, qu'y a-t-il de choquant, — surtout après ce que nous savons de l'éther, d'après l'ingénieuse théorie du docteur Gustave Le Bon, — qu'y a-t-il de choquant à comparer le corps humain à cet appareil de télégraphie sans fil ?

Ne trouvons-nous pas aussi une énergie — les ondes hertziennes n'en sont qu'une modalité, nous l'avons établi, — qui se manifeste par « des millions de vibrations qui nous viennent heurter sans que nous ne nous en doutions » ; un appareil récepteur : le corps entier ; un cohéreur : les centres sensitivo-moteurs ou psychiques ; et enfin un appareil « manifesteur » : les muscles ; le tout relié par le plus admirable réseau de fils conducteurs qui puisse être, c'est-à-dire, les nerfs ?

Si donc cette comparaison semble soutenable, et s'il est

vrai que des vibrations énergétiques, de modalités bien particulières, sont collectées par notre corps pour se « cohérer » dans nos centres (nous étudierons dans le chapitre suivant les transformations qu'elles y subissent), toute atteinte portée à l'intégrité histologique de ces centres doit se manifester par des troubles physio-pathologiques, nettement différenciés, suivant les centres lésés. On conçoit donc tout l'intérêt que pourrait avoir pareille constatation pour l'établissement de notre thèse. Et, comme nous l'allons voir, la neuro-pathologie vient précisément à notre aide pour nous permettre de faire cette constatation capitale.

Mais avant d'aborder cette étude, une première question se pose : Est-il exact que ces « centres » existent, et, s'ils existent, peut-on les localiser ?

Pour ce qui est des centres sensitivo-moteurs ou sensoriels, la négation n'est maintenant plus permise. En effet, après les admirables travaux de Broca, de Ferrier, de Munck, de Charcot, de Pitres, et de notre maître M. le professeur Grasset, grâce à la méthode anatomo-clinique, nous savons pertinemment, par exemple, que la zone rolandique est motrice. « L'excitation de sa partie supérieure détermine des mouvements dans le membre inférieur, l'excitation de sa partie moyenne des mouvements du membre supérieur : extension, flexion, préhension. L'excitation de sa partie inférieure détermine des mouvements de la face, des mâchoires, de la langue... » (Hédon, *Précis de Physiologie*) ; que le « cuneus », et la partie postérieure des lobes occipitaux, est en rapport avec la vision ; que l'extrémité antérieure de la circonvolution de l'hypocampe est le siège des centres olfactif et gustatif ; enfin, que le pied de la troisième circonvolution frontale gauche, est le siège du langage articulé... Et si nous bornons là nos exemples, d'ailleurs tous classiques maintenant, c'est qu'il serait trop long, dans ce court travail, de passer en revue toutes les localisations sensitivo-motrices ou sensorielles, actuellement démontrées.

L'existence de ces centres étant donc bien prouvée, voyons maintenant si la neuropathologie nous permet, à son tour, de conclure dans le sens de notre hypothèse. Il serait trop long d'énumérer les méthodes et les résultats obtenus pour chacun des centres. Qu'il nous suffise de retenir la conclusion générale, qui est la suivante : la méthode anatomo-clinique nous permet d'affirmer que toute lésion portant sur un quelconque de ces centres amène fatalement et inévitablement un syndrome bien particulier, caractéristique de la lésion.

Mais que dire alors de l'existence et de la localisation des centres psychiques, bien différents des centres étudiés plus haut ?

Il semble ici que la méthode anatomo-clinique ne doive pas, et même, ne puisse pas, donner de résultats probants. Cependant, la question peut parfaitement se résumer comme le dit M. le professeur Grasset : « Il s'agit uniquement de savoir si les neurones, dont l'intégrité est nécessaire pour le fonctionnement psychique, pour l'accomplissement des actes psychiques, sont *localisés* dans une région quelconque des centres nerveux, ou s'ils sont diffusés un peu partout. » (Grasset, *Demi-fous et demi-responsables*, page 36.)

Et la question, ainsi posée, nous pouvons alors parfaitement étayer notre hypothèse sur la conclusion même de notre maître vénéré : « Sur le terrain exclusivement scientifique et physiologique, on ne peut pas nier *la possibilité* de cette localisation. On peut dire que les divers centres psychiques ne sont pas encore tous étroitement et nettement localisés ; il y a certainement beaucoup à faire et à trouver encore dans cette voie, mais on ne peut pas dire non plus qu'il n'y ait rien de fait, et surtout qu'il n'y ait rien de faisable. » (Grasset, *idem.*)

Notre comparaison du corps humain à un appareil de télégraphie sans fil, avec concordance absolue des organes essentiels, doués des mêmes propriétés de réception de l'énergie ambiante, semble donc maintenant parfaitement possible. Ce sera la conclusion de ce chapitre. Nous allons envisager alors quelles peuvent bien être les transformations que l'énergie ainsi reçue va subir dans les centres, ce qui fera l'objet du chapitre suivant.

CHAPITRE III

LE CORPS HUMAIN
TRANSFORMATEUR DE CETTE ÉNERGIE

L'éther, nous l'avons précédemment établi, nous heurtant de ses millions de vibrations, il est inadmissible que ces vibrations ne pénètrent pas en nous. Et pourquoi, en effet, ces vibrations se borneraient-elles à nous frapper sans nous pénétrer ? Ne sommes-nous pas des corps bons conducteurs pour la chaleur et l'électricité, qui ne sont, en somme, que des modalités de l'énergie. Par conséquent, — et c'est précisément ce qui doit, d'après nous, différencier l'état de vie de l'état de mort, — par conséquent, cette énergie, ces millions de vibrations entrant en contact avec notre corps, le pénètrent et vont se condenser, se « cohérer », — pour continuer notre comparaison — dans la foule des centres dont on ne peut, nous l'avons vu précédemment, nier l'existence. Ces centres, étant localement et histologiquement différents les uns des autres, vont donc réagir différemment sous l'action de ces séries de vibrations, d'autant plus que ces séries de vibrations elles-mêmes diffèrent entre elles de milliards d'unités.

Et cette hypothèse semble d'autant plus plausible que le corps humain étant soumis à toutes les lois de la Physique : pesanteur, inertie, attraction réciproque, dilatation des corps, etc., doit donc obéir, vis-à-vis de l'énergie, comme la matière tout entière obéit à ses lois, — lois dont nous nous bornons d'ailleurs à constater les effets, dans notre ignorance des « raisons premières ». Ce qui a fait faire au grand Berthelot cet aveu : « La science ne poursuit ni les causes premières, ni la fin des choses ! », — aveu peu déguisé d'impuissance, qu'il est intéressant de recueillir dans la bouche d'un matérialiste de la valeur de Berthelot ! Par conséquent, puisque nous constatons, par exemple, qu'une même source électrique, qui fournit un courant à deux bobines d'induction différentes, composées, l'une d'un enroulement de fil d'un gros diamètre, et l'autre de fil de petit diamètre, en sort transformé en deux courants tout à fait dissemblables, puisque l'un sera du courant de haut ampérage et de petit voltage, tandis que l'autre sera un courant de haut voltage et de petit ampérage, ce qui, au point de vue industriel sera évidemment une différence capitale. Pourquoi ne pouvons-nous pas supposer que ces milliards de vibrations de l'éther ne subissent, dans nos divers centres, des modifications analogues, dont nous ignorons la cause, et dont nous nous bornons à constater les effets ? Nos centres ne sont-ils pas, comme les bobines de tout à l'heure, dissemblables, comme localisation et, par conséquent, comme formation histologique ? Quel est donc le principe qui s'oppose à ce que l'énergie s'y transforme, donnant des résultantes aussi dissemblables que celles constatées dans les deux courants précédents ?

Les cellules nerveuses sont hautement différenciées, comme nombre ou comme forme, suivant la partie du cerveau que l'on examine. Depuis les admirables travaux de Cajal et de Golgi, nous connaissons des cellules dites : pyramidales, de Purkinje, de la névroglie, dont les différences morphologiques doivent évidemment répondre à des différences physiologiques, en vertu du principe « que la fonction crée l'organe ». Et il semble évident, en effet, que chacun des groupes de ces cellules doit répondre à une fonction particulière, de même que nous voyons, par exemple, les cellules des glandes à sécrétion externe n'avoir pas la même morphologie que les cellules épithéliales de revêtement. Il semble donc logique que nous puissions dire : « A centre différent, réaction différente. » C'est précisément ce que nous voulions établir.

Si donc nous appliquons cette conclusion, par exemple, au « schéma » dont se sert M. le professeur Grasset, pour représenter les centres psychiques supérieurs et inférieurs, le polygone et le centre O, nous pourrons donc ainsi conclure : L'énergie, sous forme de milliards et de milliards de vibrations, dont les séries demeurent aussi inappréciables qu'inconnues pour nos sens, agissant sur le centre O, en ressort sous l'action des cellules vivantes de ce centre , par transformation de ces séries de vibrations, sous forme de phénomènes psychiques supérieurs — nous verrons ce qu'il faut entendre par là — tandis que cette même énergie, agissant sur les différents centres du polygone dissocié du point O, n'amènera que des phénomènes psychiques inférieurs.

Indépendamment du mécanisme, — dont d'ailleurs M. le professeur Grasset ne se préoccupe pas, — n'est-ce pas là une conclusion identique à celle de notre maître éminent ? Nous n'osons pas écrire *la* conclusion, car, profondément imbu de ses admirables leçons, nous admettons comme démontré que les actes intellectuels et psychiques puissent se diviser en deux groupes distincts : le premier comprenant les actes psychiques supérieurs, volontaires et conscients, et le second les actes psychiques inférieurs, automatiques et inconscients.

D'ailleurs, pourquoi ne pas admettre que de la réaction différente de chacun de ces centres naissent des « *impressions* » différentes, impressions dont nous vivons ? Tout, dans la nature, n'est-il pas pour nous mirage et féerie ? « La résistance, l'élasticité, l'adhérence des molécules d'un corps quelconque, ne sont-elles pas produites par *l'impression* seule que fait sur nos sens (c'est-à-dire sur leurs centres), leurs forces réglées, et les nombres précis de vibrations variées qu'exécutent les atomes de ces molécules, ou les atomes éthérés qu'elles réfléchissent. » (Docteur Murat, *loc. cit.,* p. 130.)

Pourquoi alors ne pas admettre pareil phénomène pour nos divers centres ? Un son nous paraît aigu ou grave, de nature musicale ou simple bruit, suivant le nombre et l'ordre des vibrations qui le produisent.

La couleur rouge de notre sang répond à 458 trillions de vibrations des atomes par seconde. La couleur violette répond à 725 millions de millions de vibrations des mêmes éléments. La couleur d'azur des océans — couleur apparemment immobile — correspond à 600 trillions de vibrations par seconde, qu'exécutent tous les atomes de l'immense nappe bleue. Telles sont, du moins, les chiffres fournis par tous les traités de physique.

Ne pouvons-nous donc pas admettre d'autres innombrables séries de vibrations, indépendantes de celles que nous percevons, telles que celles, par exemple, de l'infra rouge et de l'ultra-violet, que seuls des appareils très perfectionnés nous permettent d'étudier, et pour lesquelles nous n'avons aucun sens de perception ?

Mais alors, pourquoi nos centres psychiques supérieurs ou inférieurs ne percevraient-ils pas — pour les transformer, naturellement, — précisément des séries de vibrations que nos autres centres sont incapables de percevoir ? L'œil, ou plutôt les centres de la vision, ne peuvent réagir sous l'effet de vibrations dont le nombre dépasse 758 trillions par seconde ; notre oreille, c'est-à-dire les centres auditifs, ne peut saisir les vibrations dont le nombre est inférieur à 16 par seconde, et pourtant dirons-nous pour cela qu'il n'existe pas de série inférieure à 16 ou supérieure à 758 trillions ? Evidemment non, ce serait absurde, puisque des appareils permettent de percevoir des séries inférieures et supérieures.

Si la vie — comme cela semble de plus en plus s'établir — n'est, au point de vue matériel et tangible, qu'un voyage incessant des atomes à travers les organismes des règnes animal et végétal, et entre ceux-ci et les masses des corps minéraux, voyage réglé par l'énergie, pourquoi la vie psychique — qui n'est, en somme, qu'une partie de cette vie, — ne dépendrait-elle pas de la faculté qu'ont les centres psychiques de réagir, sous l'action d'agitation moléculaire ? Une objection se pose : Si donc nous acceptons cette explication, comment comprendre alors les différences de psychisme que l'on constate entre les divers individus d'une même race ?

La matière cérébrale est bien, histologiquement, la même chez mon voisin que chez moi. Ses cellules nerveuses sont bien identiques aux miennes, et pourtant nous n'avons ni les mêmes idées au même moment, ni la même intelligence ; bref, notre psychisme est différent. D'où provient donc cette différence, en admettant pourtant que l'intelligence de l'homme est bien rarement, pour ne pas dire jamais, parfaite, puisque, d'après l'hypothèse émise plus haut, des vibrations d'égal nombre viennent fatalement frapper des centres histologiquement pareils, et comment

expliquer des différences de résultantes semblables à celles que nous constatons chaque jour dans le psychisme des
hommes ?

Les aliments mis en présence de l'estomac subissent bien,
chez tous les hommes, les mêmes transformations finales.
Mais comment expliquer que tel individu assimile mieux,
plus vite et avec des fatigues moindres que tel autre individu, qui se plaint de la lenteur de ses digestions, des douleurs
qu'elle lui procure ? A moins de lésions pathologiques —
cas que nous n'envisageons pas évidemment ici — ces différences, nous ne pouvons guère que les constater.

Pourquoi pareils phénomènes ne se produiraient-ils pas
dans la mécanique cérébrale ?

Les différences d'intelligence, de psychisme, sont généralement des différences dans *l'intensité* de cette qualité,
car les différences de *nature* entraîneraient la négation de
l'intelligence, du moins au sens que nous attachons à ce
mot.

Or, la plus ou moins grande *intensité* de perception et
de transformation des vibrations qui les sollicitent, ne peut-
elle pas être considérée comme une propriété de la cellule
nerveuse vivante, propriété que l'on ne peut pas plus expliquer que nous n'avons expliqué précédemment celle des
cellules gastriques ou intestinales ?

Mais l'intelligence, nous semble-t-il, n'est pas uniquement dépendante de la *qualité* des cellules composant les
centres psychiques supérieurs ; elle dépend aussi du plus
ou moins *grand nombre de centres*, capables de réagir simultanément sous l'action des mêmes séries de vibrations.
N'avons-nous pas vu que le centre psychique peut être
compris comme « multiple et divisible, de même que l'unité
de l'être vivant n'empêche pas la complexité et la divisi-

bilité de son corps et de ses organes » (Grasset, déjà cité).

Les différences d'intelligence chez les hommes proviendraient donc de la « *qualité* » plus ou moins parfaite des cellules composant les centres, mais aussi du plus ou moins grand nombre de ces centres, « multiples et divisibles », capables de réagir simultanément sous l'action moléculaire.

Et cette définition nous permet de comprendre qu'il y ait chez les hommes bien portants un développement inégal de certaines facultés. On prévoit aussi, d'ailleurs, « que suivant le nombre et la nature des neurones psychiques atteints, chez un malade donné, la raison soit complètement supprimée ou seulement altérée partiellement, dans une proportion variable suivant le cas » (Grasset, *Demi-fous et demi-responsables*, page 39), ce qui est le corollaire de notre proposition. Il convient pourtant de remarquer aussi le rôle capital que jouent *l'hérédité* et *l'éducation*, dans le développement de l'intelligence.

Les nègres de l'Afrique centrale ont un cerveau histologiquement identique au nôtre, et pourtant quelle énorme différence psychique les éloigne de nous ! La fonction crée l'organe, soit, mais si l'hérédité psychique se transmet aussi bien que l'hérédité névropathique, il faut aussi faire jouer à l'éducation un rôle considérable dans le développement de l'intelligence. Pourquoi lui refuser une influence que nous ne pouvons que trop accorder — puisque nous en constatons chaque jour les funestes effets — à l'alcoolisme ou à l'avarie !

Par quel mécanisme agirait-elle ? Mais précisément en développant les centres, de même que l'exercice développe les muscles. Or, n'avons-nous pas établi que le degré de l'intelligence tenait en partie au nombre plus ou moins grand de centres capables de réagir simultanément. Plus ces « groupes » de centres seront donc excités à travailler, plus leur développement augmentera, d'où le rôle considérable de l'éducation sur ces groupes.

Cependant, l'éducation ne fera qu'accroître ce qui existe en potentiel chez chacun de nous, il ne faut pas l'oublier, car on naît avec des centres psychiques multiples et divisibles, réunis en groupe plus ou moins important, en quelque sorte *accordés* en vue de longueurs d'ondes bien déterminées, et c'est là précisément ce qui « *est* » l'intelligence.

Nous comprenons, dès lors, parfaitement, que lorsque ces ondes viendront solliciter des groupes de centres *différents comme qualité et comme nombre,* elles produiront bien les mêmes résultantes, mais à un degré d'intensité extrêmement variable. C'est ce que vulgairement on traduira en disant que tel individu particulier a la « bosse des mathématiques ou des lettres, tandis que tel autre aura celle de l'éloquence ou de la mécanique, et que tel autre n'en aura aucune ». Une facile comparaison nous permettra de bien concrétiser et synthétiser notre pensée.

Supposons que les centres psychiques soient des diapasons diversement accordés. Chaque fois que des vibrations viendront les frapper, seuls les diapasons « en accord » avec les longueurs d'ondes du son émis — son pour lequel ils ont été uniquement accordés — seuls ces diapasons « en accord » rendront un son. Un mécanisme similaire se produirait pour nos centres vis-à-vis de l'énergie. Nous « *vibrons* » donc inconsciemment, perpétuellement. « Notre vie intellectuelle est en grande partie inconsciente », dit M. Jules Lemaître. Continuellement les objets font sur notre cerveau des impressions dont nous ne nous apercevons

pas et qui s'y emmagasinent sans que nous nous en doutions.

N'est-ce pas là la conclusion même de notre démonstra-
tion ? Aussi est-il ainsi facile de comprendre que le degré d'intelligence puisse varier d'une façon presque infi-
nie. Considérons donc comme très heureusement doués les
hommes qui ont, par exemple, des centres psychiques supérieurs, capables de *vibrer plus souvent* et d'une façon
plus *intense* que tous les autres, car l'équilibre parfait entre les différents centres n'est pas un signe de plus grande
supériorité, au contraire. Les grands supérieurs sont des
déséquilibrés, parce qu'ils ont une grande prédominance
d'une partie. C'est du moins ce qu'affirme, avec sa compétence habituelle, Monsieur le professeur Grasset.

CHAPITRE IV

CONSÉQUENCES MÉDICALES
DE CETTE HYPOTHÈSE

Nous n'avons envisagé jusqu'ici que le plus ou moins grand retentissement que pouvaient avoir sur les différents centres, *histologiquement sains,* des variétés infinies d'ondes — manifestations de l'énergie intra-atomique lentement libérée dans l'éther. Il est maintenant intéressant de se demander ce qu'il advient de ces phénomènes si, sous l'effet d'une cause pathologique quelconque, la vitalité et l'intégrité des neurones constituant les différents centres, viennent à être troublées.

L'intégrité des centres est-elle directement liée à celle des manifestations psychiques ? Et, dans l'affirmative, quelles sont les perturbations apportées, dans le psychisme supérieur, par exemple, par la non-intégrité des cellules des centres psychiques supérieurs. On comprend combien la solution de cette double question serait intéressante pour l'établissement de notre hypothèse. Nous allons donc essayer d'y répondre, nous basant d'ailleurs sur l'opinion de M. le professeur Grasset à ce sujet, opinion que nous avons déjà citée lorsque, dans le chapitre précédent, la question s'est trouvée impliquée dans une de nos conclusions.

« On prévoit aussi que suivant le *nombre* et la *nature*
des neurones psychiques atteints, chez un malade donné, la
raison soit complètement supprimée ou seulement altérée
partiellement, dans une proportion variable, suivant les
cas. » (Grasset, *Demi-fous et demi-responsables*, page 39.)

N'observons-nous pas, d'ailleurs, des phénomènes identiques dans les lois de l'électricité ?

Dans un réseau électrique, lorsque, pour une raison où
pour une autre, la disposition voulue des fils n'est pas con-
servée, ou que ces mêmes fils, destinés au passage du courant, cessent d'être parfaitement isolés, c'est-à-dire cessent d'être intacts — puisque leur qualité première est précisément d'être isolés — ne se produit-il pas une série de
courts-circuits qui ne tardent pas à amener de telles perturbations que l'utilisation du réseau en devient impossi-
ble ? Pourquoi, dès lors, vis-à-vis des ondes énergétiques,
des phénomènes similaires dans la mécanique cérébrale ne
se produiraient-ils pas ?

D'ailleurs, les hémiplégies, les paraplégies, même les pa-
ralysies générales progressives ne sont-elles pas des résultantes de la destruction, en un point bien localisable du
cerveau, des faisceaux nerveux sensitifs ou moteurs, ou des
centres sensitivo-moteurs ou sensoriels. Il est classique,
pourtant, de considérer les hémorragies de la partie antérieure de la capsule interne comme amenant des paraly-
sies qui sont motrices, tandis que celles de la partie postérieure sont sensitives. N'en est-il pas de même dans la
moelle pour les racines antérieures et les racines posté-
rieures, les premières motrices et les secondes sensitives ?

Si donc des lésions de faisceaux, bien systématisées, amè-
nent des lésions d'un type toujours identique, n'est-il pas
logique d'admettre que des lésions des centres psychiques
doivent amener des troubles biens définis ?

Les vibrations de l'éther n'étant pas normalement perçues par les centres, n'y sont plus transformées normalement ; de là des troubles, tels que l'aphasie, la cécité verbale ou auditive, l'amblyopie et divers troubles de l'intelligence. Et ce qui viendrait à l'appui de cette hypothèse de l'existence de troubles bien nettement établis, liés à l'empêchement où se trouveraient les centres de « vibrer » normalement (comme le diapason qui cesse d'être isolé, c'est-à-dire d'être lui-même, est incapable d'émettre le son pour l'émission duquel il a été créé), c'est que — si nous prenons, par exemple, une aphasie, due à une compression de la région du pied de la troisième circonvolution frontale gauche, à la suite d'une fracture du crâne, avec enfoncement de la boîte crânienne à ce niveau — dès que le chirurgien enlève cet obstacle d'origine externe, l'aphasie cesse immédiatement, comme le diapason recouvre son pouvoir d'émettre sa note dès qu'on l'isole à nouveau.

On voit dès lors tout l'intérêt qu'il y aurait à appliquer cette explication aux maladies classées sous le titre de névroses, et dont les causes sont encore bien obscures. Ne seraient-elles pas liées à des défauts d'intégrité de certains neurones de centres particuliers ? Etat qui doit fatalement amener — du moins d'après notre hypothèse — des perturbations dans la perception et la transformation des séries de vibrations par ces centres, comme le contact non voulu de deux fils amène des courts-circuits dans un réseau électrique.

Dans un ordre d'idées semblables, Charcot n'attribue-t-il pas le caractère tout spécial du tremblement dans la sclérose en plaque, son apparition à propos des mouvements volontaires, à la persistance des cylindraxes *dépouillés de leur myéline* au sein des foyers de sclérose. « La transmission de l'*influx nerveux* s'opèrerait encore par la voie de ces cylindraxes, mais elle aurait lieu d'une façon irrégulière, saccadée, et ainsi se produiraient les oscillations qui troublent l'exécution des mouvements intentionnels. » (*Loc. cit.*, par M. Collet, *Path. Int.*, I, 133.)

Une étude approfondie de cette question nous semble dépasser les limites de ce modeste travail. Qu'il nous suffise — et notre prétention est peut-être déjà bien exagérée — admettant parfaitement d'ailleurs « que la personnalité physiologique est formée de l'ensemble et de la synergie de tous les centres nerveux, jusques et y compris les centres polygonaux et le centre O », de montrer réunies en un faisceau, aussi solide que possible, les quelques vues que peut nous avoir successivement suggérées l'établissement de ce petit travail. Leur explication approfondie nous entraînerait trop loin, et dépasserait certainement notre compétence, nous l'avouons bien humblement.

Par conséquent, sans aller chercher davantage des preuves nouvelles dans la pathologie, l'étude, chez un sujet absolument normal, au point de vue de l'intégrité histologique dés neurones, l'étude de ce que M. le professeur Grasset a appelé : *la désagrégation du polygone*, va, semble-t-il, nous fournir précisément une preuve nouvelle, en faveur de notre hypothèse. Car, si cette dissociation peut être scientifiquement acceptée — et cela ne fait aucun doute — on doit donc la considérer comme une atteinte purement physiologique portée à la synergie des centres, synergie dont nous avons précédemment parlé. Et cette atteinte, dont le résultat immédiat est la désunion entre le psychisme supérieur et le psychisme inférieur, doit se manifester par des troubles de la personnalité, troubles qu'il va nous être très intéressant d'étudier pour l'établissement de la mécanique propre à chacun de ces centres psychiques, supérieurs et inférieurs, dont ces troubles ne sont que des manifestations bien particulières. Dès lors, puisque nous admettons, comme démontrée, cette désagrégation possible des centres psychiques, pourquoi ne pas dire que la vie propre, ou mieux que la mécanique du polygone, tient précisément à cette faculté qu'il a, en tant que centre, de réagir sous l'effet des vibrations de l'éther. Dans le sommeil, le centre O, — que ce soit par anémie ou par disjonction momentanée des prolongements des cellules nerveuses, peu importe — le centre O ne réagit plus à la sollicitation des vibrations. Seul, à ce moment, le polygone reçoit les ondes et, comme il n'est plus entravé par O, « car à l'état de veille les deux psychismes confondent leur action d'une manière inextricable pour la mémoire, comme pour les autres fonctions psychiques » (Grasset, « Le Psychisme inf. », in *Idées médicales,* page 25), il peut vivre de sa vie normale. D'où les phénomènes de subconscience, dont les rêves, les hallucinations et les états hypnotiques ne sont que les manifestations.

Et ceci nous amène alors aux admirables études que M. le professeur Grasset a consacrées au psychisme supérieur et inférieur, études que nous nous sentons incapables de résumer ici.

Voyons donc maintenant quelles sont les conséquences qui peuvent résulter de ce que nous avons établi.

Elles sont nombreuses, mais deux nous paraissent particulièrement intéressantes. La première, c'est qu'il est évident que, suivant que prédomine O, le polygone ou la collaboration équilibrée des deux, il y aura des types physiologiques différents, car, « la personnalité physiologique étant formée de l'ensemble et de la synergie de tous les centres nerveux, jusques et y compris les centres polygonaux et le centre O », cette synergie n'est évidemment pas aussi com-

plète chez tous les hommes. De là précisément des caractères ou des types physiologiques bien différents.

C'est ce qu'a d'ailleurs très bien compris le docteur Surbled, lorsqu'il dit : « Chez les nerveux le moi et le sous-moi
cessent d'être unis, solidaires et cohérents... par suite l'ac-
tivité psychique échappe en grande partie à la raison, au
moi, et tombe sous la dépendance trop étroite du sous-moi,
c'est-à-dire de l'inconscience. Dans l'hystérie, le fonctionnement encéphalique se dissocie plus ou moins, et le sous-
moi étend et grandit son empire au détriment du moi.
Dans l'hypnose, la conscience n'existe plus. L'unité de notre vie semble brisée, et le cerveau livré aux suggestions
du dehors, n'est plus capable que d'automatisme aussi parfait qu'inconscient. Le sous-moi règne en maître et agit
en aveugle ». Surbled (*Pensée contemporaine* 1906).

Pourtant, ajoute alors M. le Professeur Grasset, : « Il
faut remarquer que l'équilibre parfait n'est pas un signe
de plus ou de moins grande supériorité : au contraire... les
très équilibrés sont des médiocres... En général les talents
sont plus équilibrés que les génies. Ce qui ne veut pas dire
que le génie soit une névrose et doive être rapproché de
l'épilepsie... De plus la force de ces divers centres varie
infiniment suivant les personnes. Certains ont dans leur
psychisme inférieur une force intellectuelle infiniment
plus forte que d'autres dans tout l'ensemble de leur psychisme. » (Grasset, loc. cit., pages 43-44). Et toutes ces conclusions se trouvent maintenant bien d'accord avec ce que
nous avons cherché à établir sur le pouvoir plus ou moins
grand, qu'ont tous les centres de réagir différemment
sous l'action des séries incalculables de vibrations de l'é-
ther.

Enfin, si nous envisageons de nouveau l'intégrité histologique des neurones constituant les différents centres,

nous arrivons à la seconde conséquence, dont nous avons parlé, conséquence d'un intérêt médical beaucoup plus immédiat, et que nous pouvons formuler ainsi : la responsabilité sera fonction de l'intégrité du centre O, ce qui n'est d'ailleurs que l'opinion de notre maître.

L'irresponsable, dès lors, devient un individu dont une tare quelconque, qu'elle soit héréditaire ou acquise, peu importe, a amené la désagrégation de l'intégrité histologique d'un groupe de neurones. Le circuit, pour poursuivre notre comparaison, le circuit n'est plus intact, le centre O (c'est-à-dire tous les centres psychiques supérieurs) est incapable de réagir normalement sous l'action des milliards de vibrations qui le sollicitent ; sa fonction prédominante, inhibitrice, sur le polygone, est, par suite, dans l'impossibilité de s'exercer normalement. Le polygone prédomine alors et la porte est fatalement ouverte aux actes subconscients. Or, peut-on dire qu'un homme agissant ainsi, uniquement ou presque, sous l'influence de son polygone, qui règne en maître, c'est-à-dire capable de n'accomplir, par définition, que des actes subconscients, peut-on dire que cet homme est entièrement responsable, au sens le plus strict du mot ? La société, dès lors, même en vertu de son droit indéniable de « défense », a-t-elle le devoir de le punir, comme elle punit les individus pleinement conscients ? Evidemment non ! Aussi, M. le professeur Grasset a-t-il parfaitement raison de s'écrier : « La société doit considérer la question de la responsabilité comme absolument et uniquement médicale. Seul le médecin peut fixer et puiser les éléments d'appréciation endogènes, venant du sujet lui-même. » (Grasset, *Demi-fous et demi-responsables*, p. 9.)

Il est donc parfaitement logique, la question étant ainsi posée, d'admettre que cette société se défende contre ces dégénérés, par l'établissement de pénalités bien particulières, mais toutes différentes de celles qu'elle applique aux individus sains. Mais ces sanctions doivent exister *réellement* et, sous prétexte d'irresponsabilité constatée, il ne faut pas nécessairement conclure au relâchement pur et simple de l'inculpé, comme cela se voit trop souvent. Car si la société a parfaitement le droit et le devoir de se défendre, elle a aussi le droit et le devoir de se souvenir qu'en neurologie, comme en hydrologie, les eaux dormantes sont quelquefois les plus terribles et les plus traîtres. On comprend, dès lors, le rôle capital que le médecin expert peut être appelé à jouer, et comme défenseur de la société, dont il a à sauvegarder les vrais intérêts, et comme défenseur du dégénéré inférieur, de ce presque inconscient, de cet instrument faussé, qui ne peut plus rendre qu'une fausse note, bref de ce malade, auquel il a juré sur l'honneur, comme médecin, secours et dévouement.

CHAPITRE V

AVENIR THÉRAPEUTIQUE
DE CETTE HYPOTHÈSE

Le complément indispensable de ce travail, et sa conclusion naturelle — si tant est que l'on puisse lui donner une conclusion — nous n'oublions pas, en effet, que son but est d'être une thèse de doctorat en médecine — nous amène donc à nous demander quelles sont, enfin, les conséquences thérapeutiques que l'on peut tirer de pareilles données. Ces conséquences nous paraissant être suffisamment intéressantes, feront l'objet de ce dernier chapitre.

L'homme ne peut vivre qu'en puisant largement dans l'admirable réservoir d'énergie qu'est l'éther, au sein duquel il se trouve. Énergie, pour lui, est donc synonyme de vie.

Dès lors, on peut considérer l'état de maladie, comme une impossibilité, pour tel organe déterminé, de recevoir normalement cette énergie et de la transformer, grâce à ses cellules propres. La cause de cet état peut être double, ou bien la lésion est histologique — ce qui est alors beaucoup plus grave, puisque la *vitalité* propre de l'organe est atteinte, — ou bien cet état provient d'une impuissance où se trouve le système nerveux central à commander ces échanges, étant lui-même dans l'impossibilité, pour une cause pathologique déterminée, quelquefois même inconnue, de recevoir et de transformer dans ses centres cette énergie.

On peut donc résumer les facteurs de l'état de maladie en disant : les premiers sont une entrave apportée au fonctionnement normal des organes périphériques par *mauvaise direction* des centres nerveux, ce qui revient à dire : par influence néfaste du psychisme supérieur sur le physique. Les seconds, enfin, sont une diminution dans la qualité et le nombre, c'est-à-dire *dans la capacité* des centres susceptibles de recevoir et de transformer normalement l'énergie. Et l'on conçoit qu'un tel état de choses ne tarde pas à amener une *défaite* de l'organe vivant, dépendant du centre lésé, dans la lutte qu'il soutient contre les éléments de destruction, dont il ne peut plus se débarrasser, et vis-à-vis desquels il devient vite impuissant.

Rétablir l'heureuse et normale influence des centres psychiques supérieurs sur les centres inférieurs et restituer à l'organisme cette énergie qui lui fait momentanément défaut pour ses échanges et sa défense, telles seront donc les deux bases sur lesquelles nous tâcherons d'élever les indications d'une thérapeutique.

L'influence que le psychisme supérieur peut exercer sur le physique est aussi grande que facile à constater. Il suffit, pour s'en rendre compte, de voir l'effet produit sur nous par une émotion un peu forte, comme la peur, par exemple. Pâleur ou rougeur immédiates des téguments, palpitations de cœur, sécrétions augmentées, tels sont les effets physiologiques que nous constatons aussitôt, et qui se résument dans l'étude de l'influence que le moral peut exercer sur le physique. Or, peut-on nier scientifiquement

cette influence énorme ? « Le moral, dit M. le professeur
Grasset, exerce une très grande influence sur la naissance
des maladies, sur leur évolution, leurs complications et leur
guérison. » Et cette influence, en effet, est si grande, que
nous n'oublierons jamais le précepte de notre maître, M.
le professeur de Rouville, lorsque, faisant fonction d'interne dans son service de gynécologie, à l'Hôpital Saint-
Éloi, il nous disait : « Je n'opère jamais une entrante, —
à moins, naturellement, d'urgence absolue, — qu'après
quelques jours de séjour de la malade dans mon service.
Je lui donne ainsi le temps de s'habituer, et au milieu
nouveau dans lequel elle se trouve, et à l'idée de l'inter-
vention prochaine. L'opération et ses suites y gagnent
du tout au tout. » Et ceci est si vrai que notre maître,
M. le professeur Forgue, à qui son fin talent d'observa-
teur et son grand cœur ont fait faire la même constatation, écrit à ce sujet : « Un malade qu'assistent ceux qu'il
aime, qu'on console, qui est dans un milieu d'affection, n'a
pas l'émotivité inquiète, « l'insomnie anesthésique », si
l'on peut parler ainsi, du malheureux isolé, sans assis-
tance de cœur, qui se couche sur notre table d'hôpital. »
(Forgue, « Ether ou choloroforme », *Nouveau Montpellier Médical*, 1892, cité par M. le professeur Grasset, *Idées
médicales*, 423.) Les émotions morales peuvent d'ailleurs
jouer un rôle capital, même dans le développement des
névroses. Et le bel exemple que cite M. le professeur Grasset, d'une paralysie agitante, rebelle à tout traitement, dé-
veloppée à la suite d'émotions intenses chez un capitaine
de vaisseau (*Traité des maladies du système nerveux*, 4°
édition, livre II, page 642), est probant.

Et cette action du psychisme supérieur n'intervient pas
seulement dans la production des maladies nerveuses,

mais aussi dans la production de toutes les autres maladies, par diminution de résistance du terrain, ce qui est
d'ailleurs une donnée maintenant bien classique.

Quelle sera donc la thérapeutique appropriée à ces maladies, nées de l'influence néfaste du psychisme supérieur
sur le physique ? Elle sera préventive et curatrice et s'a-
dressera à tous les moyens susceptibles de renforcer la
volonté, l'action et l'influence du moi supérieur chez le malade. Ces moyens pourront être successivement : la persua-
sion, la distraction, la suggestion, l'éducation, bref, tout
ce qui forme l'arsenal thérapeutique de la *psychothérapie*.
Que ce soit la psychothérapie supérieure, dont le but est de
fortifier l'ensemble des psychismes, leur union, leur collaboration, et d'accroître la force de O et son influence sur
l'entière vie du sujet ; ou la psychothérapie inférieure,
qui s'adressera au polygone désagrégé, par l'hypnose, par
exemple, ou la suggestion, et son but alors sera bien différent du précédent, puisqu'elle tendra à « *libérer O des
entraves apportées par la maladie* », et, par conséquent, de
lui permettre de reprendre la direction normale et physiologique de l'entier psychisme. Le principe fondamental de cette thérapie psychique est évidemment excel-
lent, puisqu'il se base sur un fait bien constaté que :
« Toute idée acceptée par le cerveau tend à se faire acte,
l'idée d'une sensation, d'un sentiment, d'un mouvement,
devient cette sensation, ce sentiment, ce mouvement. »
(Bernheim, *Hypnotisme, suggestion, psychothérapie*, 2ᵉ
édition, chap. II.)

Elle pourra donc résider « dans tout ce que le médecin dit, et aussi dans ce qu'il ne sait pas dire, dans toute
sa manière d'être, de parler et d'agir. Et ainsi, l'idée, pro-
gressivement affermie, se traduira bien réellement en un

rétablissement graduel des fonctions. » (P.-E. Lévy, « Rééducation psychique et psychothérapie », t. V. du *Traité
des maladies de l'enfance* de Grancher et Comby.)

Mais, il faut convenir que cette méthode d'éducation ou
de rééducation psychique, est trop complexe, — et parfois
même trop dangereuse, — pour qu'on puisse la considérer
comme définitivement pratique. Aussi passerons-nous à
l'étude de la deuxième base, dont nous avons parlé plus
haut, et qui consiste à demander au milieu extérieur et à
restituer à l'organisme cette énergie qui lui fait momentanément défaut pour ses échanges et sa défense.

Sous quelle forme et par quel moyen ferons-nous cet
échange ? Nous avons considéré, dans le premier chapitre,
la lumière, l'électricité, la radio-activité, comme des modalités de l'énergie dues à des vibrations de longueurs d'ondes différentes. Par conséquent, puisque nous avons sous
la main ces formes de l'énergie, et que nous savons les
manier, pourquoi ne pas s'adresser à ces forces pour obtenir des effets que la matière médicale est impuissante à
nous donner.

N'est-ce pas de la constatation de ces merveilleux effets de ces formes de l'énergie que sont nées les sciences
nouvelles qui ont pour noms : héliothérapie, photothérapie,
électrothérapie et radiumthérapie ?

Et il faut avouer que le champ de cette thérapeutique,
née d'hier seulement, est déjà bien largement ouvert, puisqu'elle laisse espérer la possibilité d'une guérison de la tu-
berculose et du cancer !

Donner toujours davantage à l'organisme le pouvoir de
lutter victorieusement contre ses ennemis, par des apports
nouveaux d'énergie, telle est donc la base de cette thérapeutique.

Un fait d'ailleurs qui montre que cette énergie ambiante

peut agir d'une façon aussi manifeste qu'intense sur l'organisme, et qui vient précisément à l'appui de notre hypothèse, ne réside-t-elle pas dans les changements de caractère qu'elle opère journellement, non seulement chez le malade, mais chez l'homme bien portant ? N'y a-t-il pas dans ces modifications, quelquefois très brusques, une action d'*énergie surajoutée*, venant influencer les centres et se traduisant par une modification presque immédiate du psychisme ?

L'homme, d'après notre hypothèse, devrait être très dépendant des phénomènes énergétiques au sein desquels il vit. Et, sans parler plus longuement des effets curieux que produisent les orages et les changements de temps sur beaucoup de gens, — effets remarquables pourtant, — voyons, à ce sujet, l'intéressante étude que le docteur Sardou, de Nice, vient de consacrer à cette question, et qui est une preuve de plus en faveur de notre manière de voir : « La lumière solaire influe, considérablement, sur l'homme. Le crépuscule est le moment le plus favorable pour juger, à ce point de vue, des tempéraments, car il est agréable à ceux que fatigue la grande lumière, aux amis de l'ombre, et pénible pour les fervents du grand jour... Or, les amis de l'ombre sont, en général, des nerveux, des déséquilibrés, des intoxiqués, des dyspeptiques. Les sujets de santé normale aiment le soleil ; ils commencent à le fuir quand un état morbide les incline vers le groupe des excités. Nombreux sont ceux à qui la maladie apprend à apprécier les rayons solaires, et qui aiment à chauffer au soleil leurs organes convalescents. D'autre part, il n'est pas douteux qu'une stimulation solaire trop intense et trop prolongée conduit à la dépression, et c'est à cette cause qu'il faut, sans doute, rapporter la nonchalance des habitants des pays chauds. » (Docteur Sardou. *Illustration* du 25 juillet 1908, page 63). « Le soleil me fait chanter », dit notre grand poète Mistral, et avec juste raison.

« Or, n'est-ce pas aussi à sa composition en longueur d'ondes différentes, que la lumière colorée doit ses effets remarquables sur le psychisme, et tout différents des effets de la lumière blanche.

» La lumière rouge est excitante. Les frères Lumière (de Lyon) ont pu le constater d'une manière remarquable chez leurs ouvriers, qui manipulaient les produits photographiques, dans des ateliers éclairés uniquement à la lumière rouge. Au bout d'un certain temps, ils devenaient nerveux, irritables, et on a pu faire cesser ces troubles de leur caractère en remplaçant les verres rouges par des verres verts.

Au contraire, le bleu, le violet ont un pouvoir calmant considérable, et l'emploi de ces couleurs a donné d'heureux résultats dans le traitement de l'épilepsie et de la neurasthénie. » (Docteur Régnier, *Radiothérapie et Photothérapie*, Baillière, 1902, page 26.)

Pourquoi tel groupe de vibrations composant la couleur rouge est-il excitant, tandis que tel autre, composant le bleu ou le violet, est-il calmant ? Nous ne pouvons que le constater.

Cette influence sur l'organisme de l'énergie ambiante ne nous paraissant donc pas pouvoir être mise en doute, étudions brièvement les effets que l'on peut obtenir par son emploi scientifiquement dirigé, et voyons si les espérances fondées sur cette thérapeutique nouvelle ont quelque chance de se réaliser.

Depuis que la médecine existe, l'influence bienfaisante

de la lumière solaire sur l'organisme a été reconnue et utilisée. Mais, de nos jours seulement, l'empirisme à son égard n'est, en effet, plus de mise, et son mode d'action, soumis à des lois bien établies, permet de la considérer comme un merveilleux agent de guérison. De cette conception sont nées l'héliothérapie et la photothérapie, dont les effets thérapeutiques sont à peu près semblables.

Voyons donc les résultats que l'on peut attendre de cet emploi nouveau de l'énergie.

« La photothérapie, comme la définit le docteur Régnier (*loc. cit.*), est la branche de la thérapeutique relative aux applications de la lumière, avec ses triples propriétés, calorifique, éclairante et chimique, employées seules ou associées. »

Des expériences de physiologie, faites aussi soigneusement que possible, montrent que les rayons lumineux agissent sur l'organisme et même qu'ils agissent, qui plus est, d'une façon toute différente sur la circulation, la nutrition et le système nerveux, par conséquent, s'ils sont groupés en faisceau ou dissociés en leurs sept couleurs. Ce qui s'explique par notre hypothèse qu'ils doivent avoir sur l'organisme des effets différents dus précisément à des nombres différents de vibrations qui les composent.

C'est à cette même conclusion qu'arrive le docteur Régnier (*loc. cit.,* page 23), lorsqu'il dit :

« Les rayons blancs, quand ils sont suffisamment intenses, activent la circulation, mais surtout la circulation superficielle. Les rayons rouges et jaunes ont une action plus intense, plus profonde ; les bleus et les violets ralentissent le cours du sang et peuvent, dans une certaine mesure, en applications localisées, faire disparaître l'hyperhémie. De même, la lumière blanche donne un coup de fouet à la nutrition et les rayons rouges et jaunes montrent là encore leur supériorité. Ils activent le travail de la nutrition générale, quand ils sont dirigés sur la totalité du corps, ou tout au moins sur une grande étendue de la peau. On peut, en les localisant et en les concentrant, accélérer la nutrition locale d'une région quelconque de l'organisme. » L'action bienfaisante de la lumière sur les organismes vivants, est donc incontestable, et bien que son mécanisme ne soit pas encore élucidé, on peut dire, semble-t-il, qu'elle est surtout provoquée par des radiations calorifiques et lumineuses, *transmettant à l'organisme une énergie qu'il transforme en l'absorbant !*

Conclusion bien d'accord avec notre façon de voir.

Mais alors, puisque cette action énergétique est incontestable, voyons rapidement l'emploi pratique que l'on peut faire de ces bains de lumière partiels ou totaux. Leurs principales qualités sont d'être vasodilatateurs, hypotenseurs et analgésiants ; par conséquent, leur emploi thérapeutique sera indiqué dans toutes les affections où l'affaiblissement du sang, les troubles de la circulation, le mauvais fonctionnement du système nerveux, sont d'importants facteurs.

L'expérience ne prouve-t-elle pas, en effet, que l'anémie, la chlorose, la dyspepsie, l'obésité, le diabète, la neurasthénie et le tabès même, ainsi que les affections goutteuses et rhumatismales sont sensiblement améliorées par ces bains de lumière ? Le rachitisme, la diathèse scrofuleuse et le lymphatisme, qui se rattachent à la fois, ainsi que l'a montré M. le professeur Lannelongue, à la dyscrasie acide et à l'arthritisme, sont aussi par eux sensiblement améliorés. Et, fait à remarquer, le bénéfice obtenu est d'autant plus rapide, que la puissance lumineuse est plus grande, sans qu'on ait à se soucier du danger de la cha-

leur radiante, car « la chaleur radiante, comme la chaleur sèche, ne provoque pas de sensation de brûlure. Dou-
glas et Kierr, avec l'étuve de Landouzy, ont atteint la température de 150 degrés centigr., et le docteur Blottane a
montré l'innocuité complète de ces hautes températures. »
(Régnier, *loc. cit.*)

Et ceci est bien une preuve nouvelle de la pénétration
réelle dans l'organisme de l'énergie sous forme de radiations, et de leur transformation dans les centres, pour de-
venir efficace, puisque, selon la remarque de M. Guyenot,
— et cette remarque est des plus intéressantes au point de
vue de notre hypothèse, — cette énergie a besoin, pour
agir, de *l'intégrité absolue du réseau nerveux !*

Avant de commencer le traitement, dit, en effet, M.
Guyenot, il faut faire, autant que possible, un diagnos-
tic précis. Lorsque le nerf est atteint d'une névralgie, *sans
lésions anatomiques*, le soulagement est rapide dès le premier bain ; la guérison ne se fait pas attendre. Mais,
quand il existe de la névrite, il n'en est plus de même, la
douleur est rarement calmée, quelquefois même elle est
exagérée !

Quant à l'action thérapeutique de la lumière diversement
colorée, elle est connue depuis trop longtemps pour que
nous insistions sur ses effets curatifs, pourtant réels. Ne
savons-nous pas qu'au Tonkin, au Caucase, en Roumanie,
on recouvre les varioleux de chemises rouges. Julius Pe-
tersen nous apprend qu'au Moyen-Age on en faisait de
même en Europe. Œttinger ajoute que Fouquet, de Montpellier, avait vu dans son enfance, au XVIIIe siècle, revê-
tir les petits varioleux de draps écarlates et les tenir dans
des lits fermés de rideaux de la même étoffe.

L'emploi de la lumière, forme de l'énergie, est donc bien
maintenant un moyen de plus dont nous disposons dans

l'art de guérir. Les merveilleux résultats obtenus dans le traitement de certaines affections, jusqu'ici réputées incurables, nous permettent même de supposer que la voie sur ce sujet est définitivement ouverte.

Mais l'utilisation de l'énergie sous forme de lumière n'est pas la seule méthode à laquelle nous aurons recours. La radiothérapie, et même la radiumthérapie, nous seront des aides fort utiles.

En effet, la radiothérapie, sœur de la photothérapie, n'est pas moins féconde en merveilleux effets curatifs. Nouvellement créée, il faudra, sans doute, encore de nombreuses années pour qu'on en connaisse les véritables indications, mais les résultats obtenus sont pourtant trop pleins d'avenir pour que nous ne leur consacrions pas quelques lignes. Les rayons X, cette forme si troublante de l'énergie, appartiennent à la classe des rayons ultraviolets. Ils se rapprochent donc des radiations lumineuses, ce qui est d'accord avec notre hypothèse.

Leurs effets sont surtout remarquables, en dermatothérapie, et il semble, par exemple, que le lupus ne résiste pas à leur action. « En ce qui concerne le sycosis, le favus et les autres affections parasitaires du derme, Schiff et Freund sont d'avis qu'il n'existe pas de traitement qui guérisse aussi rapidement. » (Régnier, *loc. cit.*)

Mais si leur champ d'action est presque exclusivement consacré à la dermatothérapie, c'est que, semblables en cela aux courants électriques de d'Arsonval — cette autre forme curieuse de l'énergie — nous ne pouvons guère faire autre chose actuellement qu'enregistrer leur existence et quelques-uns de leurs effets.

Quant au *radium*, ce nouveau corps, dont les effets physiologiques sont si déconcertants et si inattendus, n'est-il pas une preuve manifeste de plus que la nature entière n'est qu'un immense réservoir d'énergie, auquel nous ne savons encore puiser qu'avec des mains maladroites ?

Pourquoi fait-il tomber les cheveux ? Pourquoi amène-t-il des troubles trophiques des ongles, des brûlures profondes et graves de la peau ? Les spécialistes eux-mêmes ne sont pas encore fixés. Y a-t-il action chimique directe, ou, comme le pensent MM. les professeurs Rodet et Bertin-Sans, *action des radiations sur le système nerveux ?* Mystère ! Et pourtant, notre hypothèse nous porte tout naturellement vers cette explication.

Donc, regardant le pas franchi par ces sciences nouvelles depuis bien peu de temps, nous pouvons, semble-t-il, résumer nos espérances en disant avec M. le docteur Régnier :

« Certes, l'ère des progrès et des recherches est loin d'être close et l'avenir nous réserve, sous ce rapport, comme sous celui des *applications des autres agents physiques,* plus d'une découverte féconde en résultats pratiques pour le soulagement et la guérison des malades ! »

« L'homme, a dit le philosophe, ne vit que d'espérance. » Puisse donc cette belle maxime être l'unique excuse de ce travail, dont le caractère un peu trop extra-scientifique, — nous n'osons écrire fantaisiste, — est le moindre défaut.

Sa conclusion n'est-elle pas précisément une nouvelle espérance de guérison, promise à cette catégorie de malades que nous n'appelons « incurables » que parce que notre thérapeutique actuelle est impuissante à les guérir, généralement.

Qu'importe alors le caractère plus ou moins hypothétique de l'origine de cette espérance, qui, elle, n'en reste pas moins réelle, si cette espérance peut être pourtant pour ces malheureux un soulagement nouveau apporté à leurs maux épouvantables, et puisqu'elle est pour nous autres, médecins, l'occasion de mettre une fois de plus en pratique le beau précepte de notre grand Hippocrate :

— Soulager la douleur est une œuvre divine !

SERMENT

En présence des Maîtres de cette Ecole, de mes chers con-disciples, et devant l'effigie d'Hippocrate, je promets et je jure, au nom de l'Être suprême, d'être fidèle aux lois de l'honneur et de la probité dans l'exercice de la Médecine. Je donnerai mes soins gratuits à l'indigent, et n'exigerai jamais un salaire au-dessus de mon travail. Admis dans l'intérieur des maisons, mes yeux ne verront pas ce qui s'y passe ; ma langue taira les secrets qui me seront confiés, et mon état ne servira pas à corrompre les mœurs ni à favoriser le crime. Respectueux et reconnaissant envers mes Maîtres, je rendrai à leurs enfants l'instruction que j'ai reçue de leurs pères.

Que les hommes m'accordent leur estime si je suis fidèle à mes promesses ! Que je sois couvert d'opprobre et mé-prisé de mes confrères si j'y manque !

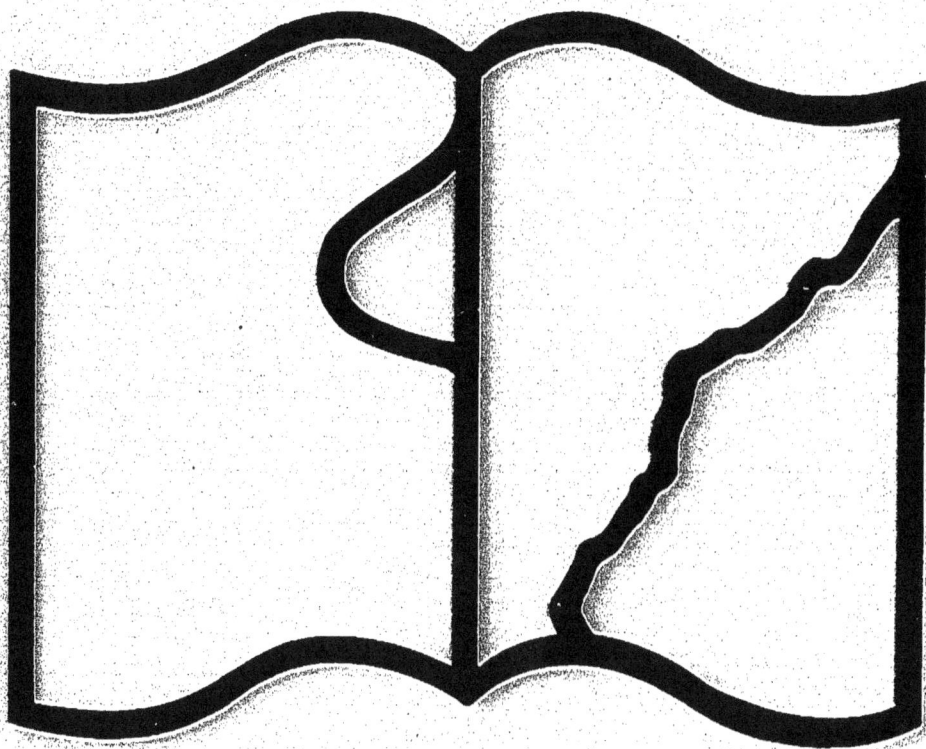

Texte détérioré — reliure défectueuse

NF Z 43-120-11